Mikroplastik in marinen Systemen

Lena Klietsch

Bibliografische Information der Deutschen Nationalbibliothek:

Die Deutsche Nationalbibliothek verzeichnet diese Publikation in der Deutschen Nationalbibliografie; detaillierte bibliografische Daten sind im Internet über http://dnb.d-nb.de abrufbar.

ISBN: 9783346621368
Dieses Buch ist auch als E-Book erhältlich.

© GRIN Publishing GmbH
Nymphenburger Straße 86
80636 München

Druck und Bindung: Books on Demand GmbH, Norderstedt Germany
Gedruckt auf säurefreiem Papier aus verantwortungsvollen Quellen

Das vorliegende Werk wurde sorgfältig erarbeitet. Dennoch übernehmen Autoren und Verlag für die Richtigkeit von Angaben, Hinweisen, Links und Ratschlägen sowie eventuelle Druckfehler keine Haftung.

Das Buch bei GRIN: https://www.grin.com/document/1186346

Fachbereich Erziehungswissenschaft und Psychologie

der Freien Universität Berlin

Bachelorarbeit

im Bachelorstudiengang Grundschulpädagogik

Fach Sachunterricht in Verbindung mit Gesellschaftswissenschaften

Mikroplastik in marinen Systemen

vorgelegt von: Lena Klietsch

Berlin, den 28.09.2021

Inhaltsverzeichnis

Tabellenverzeichnis

Abbildungsverzeichnis

Abkürzungsverzeichnis

Abkürzung	Bedeutung
UN	Vereinte Nationen
d.h.	das heißt
usw.	und so weiter
z.B.	zum Beispiel
PE	Polyethylen
PP	Polyprophylen
PS	Polystyrol
PET	Polyethylenterephthalat
PA	Polyamid
PEMRG	PlasticsEurope Market Research Group
UV-Strahlung	Ultraviolettstrahlung
DOC	Gelöste organische Substanzen

Definitionsverzeichnis

Fachbegriff	Bedeutung
Degradation	Zerfall und Zersetzung durch äußere Einflüsse
Pelagial	Freiwasserbereich (Schiel, Cornils & Niehoff, 2017, S. 27)
Benthal	Meeresboden (Piepenburg, Brandt, von Juterzenka, Link, Martinez Arbizu, Schmid, Thomsen und Veit-Köhler, 2017, S. 179)
Autotroph	Eine sich selbst ernährende Ernährungsweise von Organismen, die anorganische Substanzen zur eigenen Energiegewinnung benötigen (Spektrum 1999a)
Heterotroph	Eine sich von anderen Organismen ernährende Ernährungsweise von Organismen, die organische Substrate als Energie- und Kohlenstoffquelle benötigen (Spektrum 1999b)
Protozoen	Einzellige Organismen (Spektrum 1999c)
Trophiestufe	Die Position im Nahrungsnetz eines Ökosystems, dass durch Energieübertragungsschritte bestimmt wird, um die entsprechende Ebene zu erreichen. Alle Organismen der gleichen Ernährungsweise werden in einer Trophiestufe zusammengefasst (Spektrum 1999d)
(Nano-) und (Dino-)Flagellaten	Einzellige Organismen, die Geißeltierchen genannt werden (1999l)
Ciliaten	Einzeller, die sich von anderen ernähren und Wimpertierchen genannt werden (Spektrum 1999e)

Herbivore	Organismen, die sich von Pflanzen (Kräuter) ernähren. Sie werden auch Pflanzenfresser genannt (Spektrum, 1999f)
Phytophage	Organismen, die sich von lebendem Pflanzengewebe ernähren und zu den Pflanzenfressern gehören (Spektrum, 1999j)
Epibenthische Organismen	Organismen, die auf dem Meeresboden leben (Piepenburg et al., 2017, S. 184)
Endobenthische Organismen	Organismen, die im Meeresboden leben (Piepenburg et al., 2017, S. 184)
Koprophagen	Organismen, die sich von Exkrementen (Kot) anderer Tiere ernähren (Spektrum, 1999i)
Saprophagen	Organismen, die sich von verwesender oder faulender organischen Substanz (Leichen, Exkrementen oder Exkreten) ernähren (Spektrum 1999m)
Picophytoplankton	Kleine Organismen des Phytoplanktons mit einer Größenordnung von 0,2-2 µm (Spektrum, 1999k)
Carnivora	Organismen, die sich von Fleisch ernähren. Sie werden auch Fleischfresser genannt (Spektrum 1999g)
Endosymbiontisch	Bei der Endosymbiose lebt der eine Partner der Symbiose im Körper des anderen (Spektrum 1999h)

1 Einleitung

In den letzten Jahren gewann die Problematik der Umweltverschmutzung durch vielfältige Faktoren in der Gesellschaft an Bedeutung. Dabei nahm die Belastung des Plastikmülls aufgrund von ansteigenden Plastikproduktionen und hohen Plastikmüllentsorgungen weltweit zu. Zunehmend rückte damit die Verschmutzung der Ozeane durch Plastik in den Vordergrund des gesellschaftlichen und des wissenschaftlichen Diskurses. Einer der bekanntesten Müllstrudel im Pazifik namens „Great Pacific Garbage Patch" enthält ungefähr 1,8 Trillionen Kunststoffteile mit einem Gewicht von rund 79.000 Tonnen (Lebreton, Slat, Ferrari, Sainte-Rose, Aitken, Marthouse, Hajbane, Cunsolo, Schwarz, Levivier, Noble, Debeljak, Maral, Schoeneich-Argent, Brambini & Reisser, 2018, S. 7). Darunter befinden sich mehr als 6.000 Tonnen Mikroplastikpartikel (ebd.). Die Menge an Kunststoffen im Great Pacific Garbage Patch deutet das Ausmaß an der Menge von Kunststoffen in den marinen Systemen weltweit an. Problematisch dabei ist, dass die genaue Menge an Kunststoffen in marinen Systemen aufgrund von fehlenden Analysen und Quantifizierungsmethoden nicht bestimmt werden kann (Hale, Seeley, La Guardia, Mai & Zeng, 2020, S. 1). Die Diversität und die Größe der Ökosysteme beeinträchtigen zusätzlich die genaue Bestimmung der Mengen an Kunststoffen (Hale et al., 2020, S. 2). Dennoch besteht Einigkeit, dass die Mengen an Kunststoffen, die in das marine System gelangen, Grund zur Sorge bereiten (Harmon, 2018, S. 250). Das Zitat „So hat der Mensch also bereits vor der eingehenden Erforschung der Tiefsee seinen Fußabdruck in Form von Kunststoffabfällen in diesem scheinbar unberührten Lebensraum hinterlassen" (Gutow, Gerdts & Saborowski, 2017, S. 139) verdeutlicht das allgegenwärtige Vorkommen von Mikroplastik selbst an Orten, die bisher von den menschlichen Einflüssen als unberührt galten. Anhand von zahlreichen Studien ist das Aufkommen von Mikroplastik bereits im Atlantik (Ivar do Sul, Costa, Barletta & Cysneiros, 2013), im Pazifik (Desforges, Galbraith, Dangerfield & Ross, 2014) sowie im Arktischen Meer (Lusher, Tirelli, O'Connor & Officer, 2015) bewiesen. (Makro-)Plastik, das durch verschiedenste Wege in die Umwelt gelangt, verbleibt bis zu mehreren Jahrzehnten in der Umwelt. Bis es durch die Degradation in immer kleinere Kunststoffpartikel zerfällt und anschließend das Ökosystem Meer noch weiteren Gefährdungen aussetzt. Gegenstand dieser Arbeit ist es die Belastung des marinen Systems durch Mikroplastik im Hinblick auf das marine Nahrungsnetz zu untersuchen. Dabei liegt der Fokus auf den Forschungsfragen *„Inwieweit kann sich das Mikroplastik im marinen Nahrungsnetz anreichern?"* und *„Welche Auswirkungen kann das Mikroplastik auf das marine Nahrungsnetz haben?"*. Anhand dieser Forschungsfragen wird die vorliegende Problematik der Mikroplastikverschmutzung im marinen System literaturgestützt untersucht. Die vorliegende Thematik wurde gewählt, da die fachliche Auseinandersetzung mit der Materie eine unentbehrliche Grundlage für ein nachhaltiges Umweltbewusstsein ist. Es gehört zu den Aufgaben einer angehenden Lehrkraft die am 25. September 2015 von den Vereinten Nationen (UN) festgelegten Ziele für nachhaltige Entwicklung wahrzunehmen, um den Schüler*innen ein nachhaltiges Umweltbewusstsein zu vermitteln. Das in der Agenda 2030 festgelegte Ziel „Leben unter Wasser" wird hierbei zum Gegenstand dieser Arbeit (Die Bundesregierung, 2021, S. 102f.). Zu Beginn meiner Arbeit werde ich kurz mein Vorgehen erläutern, bevor eine Einführung in die Materie der Kunststoffe erfolgt. Nachdem die Definition von Kunststoffen, die Herstellung und Eigenschaften, die Anwendungsbereiche, die Entsorgung und schlussendlich die Eintragspfade der Kunststoffe in die Umwelt erörtert wurden, wird das marine System hinsichtlich der Lebensräume des Pelagials und Benthals sowie die darin ablaufenden Nahrungsbeziehungen betrachtet. Aufbauend auf diesen Grundlagen wird die Problematik von Mikroplastik in marinen Systemen analysiert, indem das Vorkommen von Mikroplastik und die Auswirkungen auf die Organismen angeführt werden. Abschließend folgen eine Diskussion und eine Bewertung, die die Prüfung auf Belastbarkeit der Quellen sowie eine Einordnung der Relevanz für die Grundschule enthält.

2 Vorgehensweise Literaturrecherche

Für die literaturgestützte Analyse der für die Bachelorarbeit relevanten Literatur habe ich primär die Suchmaschinen Google Scholar und ResearchGate verwendet. Zu Beginn meiner Recherche lag mein Schwerpunkt auf literarischen Werken, die sich mit Kunststoffen auseinandersetzen. Dafür habe ich in der Suchmaschine Google Scholar nach Schlagwörtern wie ‚Kunststoffe' sowie ‚Mikroplastik' in Kombination mit den Schlagwörtern ‚Umwelt', ‚Meere' und ‚marines System' gesucht. Anhand der vorgeschlagenen Literatur und den enthaltenen Literaturverweisen konnte ich mich vertiefend in die Problematik einlesen, indem ich genannte Verweise berücksichtigt habe. Aufgrund der Anzahl an Publikationen, die in den letzten Jahren veröffentlich wurden, habe ich meine Recherche auf Publikationen im Hinblick auf meine angeführten Forschungsfragen begrenzt. Auf der Grundlage der neu gewonnenen Erkenntnisse konnte ich die Suche über die Suchmaschinen auf neue Schlagwörter wie ‚Mikroplastik in der marinen Nahrungskette' und ‚Mikroplastik in marinen Organismen' ausrichten. Zusätzlich habe ich englische Schlagwörter verwendet, um ein weiteres Spektrum an vorgeschlagenen Literaturquellen zu erhalten. Dieser Forschungsprozess hat sich stets weiterentwickelt, sodass ich einen tiefen Einblick in vielfältige

Forschungsgegenstände erhalten habe. Zudem habe ich zahlreiche Literaturreviews gesichtet, die belastbare Publikationen und deren Ergebnisse zusammengefasst haben (Anbumani & Kakkar, 2018; Gouin, 2020; Ugwu, Herrera & Gómez, 2021). Anhand der Reviews konnte ich nach den einzelnen Publikationen suchen, die für meine Bachelorarbeit von Relevanz und Aussagekraft waren. Vorwiegend habe ich Publikationen aus dem ‚Marine Pollution Bulletin'-Journal verwendet, da sich die im Journal veröffentlichten Publikationen auf wissenschaftlicher Ebene mit der Thematik der Umweltbelastung der marinen Systeme aufgrund von Mikroplastik beschäftigen und aussagekräftige Untersuchungsgegenstände aufzeigen. Einige Publikationen des Marine-Pollution-Bulletin-Journals sind für die Öffentlichkeit, sprich für mich als Studierende, nicht verfügbar, sodass ich teilweise auf andere Literatur ausgewichen bin. Aufgrund der Ansammlung vielzähliger wissenschaftlicher Publikationen konnte ich dennoch eine fundierte Grundlage schaffen, um die Arbeit mit wissenschaftlichen Erkenntnissen zu untermauern.

3 Ergebnisse

In Kapitel 3 werden die Ergebnisse der literaturgestützten Recherche im Hinblick auf die Beantwortung der Forschungsfragen *„Inwieweit kann sich das Mikroplastik im marinen Nahrungsnetz anreichern?"* und *„Welche Auswirkungen kann das Mikroplastik auf das marine Nahrungsnetz haben?"* erarbeitet.

3.1 Kunststoffe

Obwohl Kunststoffe allgegenwärtig sind und sie zum Gegenstand zahlreicher Forschungsarbeiten gemacht wurden, fehlt bisher eine international standardisierte Begriffs- und Größendefinition von Kunststoffen (Lechthaler, 2020, S. 6). Die Begrifflichkeit des Kunststoffes wurde etwa im Jahr 1910 in Deutschland eingeführt und hat ihren Namensursprung aufgrund des künstlichen Aufbaus des Werkstoffes erhalten (Krüger, 2018, S. 397). Kunststoffe, umgangssprachlich auch Plastik genannt, bestehen aus organischen Stoffen, die zu verschiedenen Kunststofferzeugnissen weiterverarbeitet werden (Krüger, 2018, S. 397). Kunststoffe im Allgemeinen sind durch umfangreiche physikalische und chemische Modifizierungsmöglichkeiten wie durch Mischung, Weichmachung, Füllstoffe oder Pigmente geprägt (Krüger, 2018, S. 482f.). Die zahlreichen Modifizierungsmöglichkeiten sind die Grundlage für die Herstellung verschiedenster Kunststoffe sowie deren vielfältige Anwendung in der heutigen Zeit. Die einzelnen Kunststoffe unterscheiden sich durch Faktoren wie die Farbe, die Morphologie, die Kunststoffinhaltsstoffe, die Produkttypen und durch die Verwendung verschiedener Polymere (Rochmann, Brookson, Bikker, Djuric, Earn, Bucci, Athey,

Huntington, McIlwraith, Munno, Frond, Kolomijeca, Erdle, Grbic, Bayoumi, Borrelle, Wu, Santoro, Werbowski, Zhu, Giles, Hamilton, Thaysen, Kaura, Klasios, Ead, Kim, Sherlock, Ho & Hung, 2019, S. 704). Die Kunststoffe, darunter Makro-, Meso-, Mikro- sowie Nanoplastik, gehören seit Beginn der Kunststoffmassenproduktion zu unserem heutigen Alltag. Die Einteilung der Kunststoffe in Meso- sowie Nanoplastik spielt für den Zusammenhang dieser Arbeit eine untergeordnete Rolle, sodass lediglich die Unterscheidung von Makro- und Mikroplastik näher erläutert wird. Aufgrund einer fehlenden Standardisierung der Begrifflichkeiten treten Variationen in zahlreichen Publikationen bezüglich der Begriffsanwendungen auf, die in dieser Arbeit anhand eines Definitionsversuches zu Beginn umgangen werden sollen. So wird der Begriff des Mikroplastiks in dieser Arbeit im Hinblick auf die Definition in Kapitel 3.1.1 verwendet.

3.1.1 Definition von Makro- und Mikroplastik

Aufgrund der fehlenden Standardisierung der Begrifflichkeiten werden in diesem Abschnitt Makro- und Mikroplastik erläutert. Bei den folgenden Begriffserklärungen handelt es sich um ‚inoffizielle Richtlinien Maßstäben', die als Grundlage zahlreicher wissenschaftlicher Publikationen verwendet wurden. Das Makroplastik umfasst nach Definitionsversuchen alle Kunststoffe mit einem Durchmesser gleich oder größer als 5 mm (Lechthaler, 2020, S. 2). Makroplastik zeichnet sich durch seine Heterogenität aus, die aus Unterscheidungen bezüglich des Polymers, der Größe, der Form, der Farbe und der Konsistenz besteht (Lechthaler, 2020, S. 7). Im Gegensatz dazu steht der Begriffsversuch des Mikroplastiks (griechisch *mikros*= klein) für Kunststoffe die kleiner als 5 mm sind und überwiegend in den µm-Größenbereich fallen (Lechthaler, 2020, S. 2; Fath, 2019, S. 7). Das Mikroplastik lässt sich anhand seiner Herkunft in zwei weitere Kategorien einordnen: Das primäre und das sekundäre Mikroplastik. Als primäres Mikroplastik werden jene Mikroplastikpartikel bezeichnet, die bereits in der Größenordnung kleiner als 5mm hergestellt werden (Primpke, Imhof, Piehl, Lorenz, Löder, Laforsch & Gerdts, 2017, S. 403). Beispiele für primäre Mikroplastikpartikel sind Bestandteile des Waschmittels für den Drogerie- sowie Kosmetikbereich und Mikroplastikpartikel, die aufgrund von Abrasion wie Mikrofasern beim Waschen von synthetischer Kleidung entstanden sind (Boucher und Friot, 2017, S. 8). Sekundäres Mikroplastik hingegen entsteht durch die Degradation von Makroplastik aufgrund von physikalischen, chemischen oder biologischen Prozessen, die zu einem Zerfall des Kunststoffes führen (ebd.).

3.1.2 Herstellung und Eigenschaften von Kunststoffen

Kunststoffe bestehen aus halb- oder vollsynthetisch hergestellten makromolekularen Werkstoffen (Fath, 2019, S. 7). Für die Herstellung von Halbsynthetischen Werkstoffen werden natürliche Polymere (auch Biopolymere genannt) verwendet, die zu Kunstseide weiterverarbeitet werden (ebd.). Die Halbsynthetischen Kunststoffe werden durch die Modifikation natürlicher Polymere (beispielsweise Cellulose zu Zelluloid) hergestellt (Wöhrle, 2019, S. 50). Andere biobasierte Kunststoffe hingegen werden durch die Fermentation von Kohlenhydraten erhalten (ebd.). Die vollsynthetischen Werkstoffe werden aus petrochemisch hergestellten Monomeren synthetisiert, das heißt (d.h.) aus Erdöl und Erdgas (ebd.). Die Herstellung von Kunststoffen erfolgt durch Polyreaktionen wie einer radikalischen Polymerisation, einer Polykondensation oder einer Polyaddition (ebd.). Dabei werden die Monomere zu linearen oder verzweigten hochmolekularen Molekülketten aneinandergehängt (Fath, 2019, S. 16f.). Durch die verschiedenen Herstellungsarten kann eine Vielzahl von verschiedenen Kunststoffen hergestellt werden, die mit den unterschiedlichsten Eigenschaften gekennzeichnet sind (Fath, 2019, S. 17). Die hergestellten Kunststoffe zeichnen sich im Allgemeinen durch ihre Haltbarkeit, Widerstandsfähigkeit, Flexibilität, Formbarkeit sowie der einfachen Verarbeitung und kostengünstigen Anschaffung aus (ebd.). Durch den Zusatz von Kunststoffinhaltsstoffen, sogenannte Additive, werden weitere Materialeigenschaften generiert (Wöhrle, 2019, S. 50). Beispiele für solche Additive sind Weichmacher, Gleitmittel, Stabilisatoren, Flammschutzmittel und Pigmente (Fath, 2019, S. 145ff.). Die meisten synthetischen Kunststoffe sind im Wasser schwimmfähig, da sie eine geringere Dichte als Wasser aufweisen und somit im oder durch Wasser transportiert werden können (Ivar do Sul & Costa, 2014, S. 353). Beispiele für Kunststoffe, die auf oder im Wasser treiben, sind Polyethylene (PE), Polypropylen (PP) und Polystyrol (PS) (Shim, Hong & Eo, 2018, S. 3). Kunststoffe, die eine höhere Dichte als Wasser aufweisen, neigen dazu am Wassereintrittspunkt zu sinken (Ivar do Sul et al., 2014, S. 353). Angesichts der vielfältigen Einsatzmöglichkeiten des Kunststoffes sind im Jahr 2019 weltweit knapp 368 Millionen Tonnen Kunststoffe (exklusiv Polyethylenterephthalatfasern (PET-Fasern), Polyamidfasern (PA-Fasern) sowie Polyacryl-Fasern) produziert worden (PlasticsEurope Market Research Group (PEMRG) und Conversio Market & Strategy GmbH, 2020, S. 16). Von den knapp 368 Millionen Tonnen wurden 57,9 Millionen Tonnen in Europa produziert (ebd.).

3.1.3 Anwendungsbereiche

Aufgrund ihrer Haltbarkeit, enormen Widerstandsfähigkeit, Flexibilität, Formbarkeit sowie ihre einfache Verarbeitung werden Kunststoffe weltweit produziert und verwendet (Fath, 2019, S. 7). Die Massenproduktion von Kunststoffen wird durch die kostengünstige Anschaffung des Ausgangsmaterials begünstigt (ebd.). Die Anwendungsbereiche des hergestellten Kunststoffes lassen sich für Europa in sieben Kategorien einteilen, die anhand der prozentualen Anteile an der Kunststoffverarbeitung in Europa mit rund 50,7 Millionen Tonnen bemessen sind (PEMRG et al., 2020, S. 24). Die Abbildung 1 veranschaulicht die prozentuale Verteilung der Kunststoffverarbeitung von rund 50,7 Millionen Tonnen in Europa nach Kategorien.

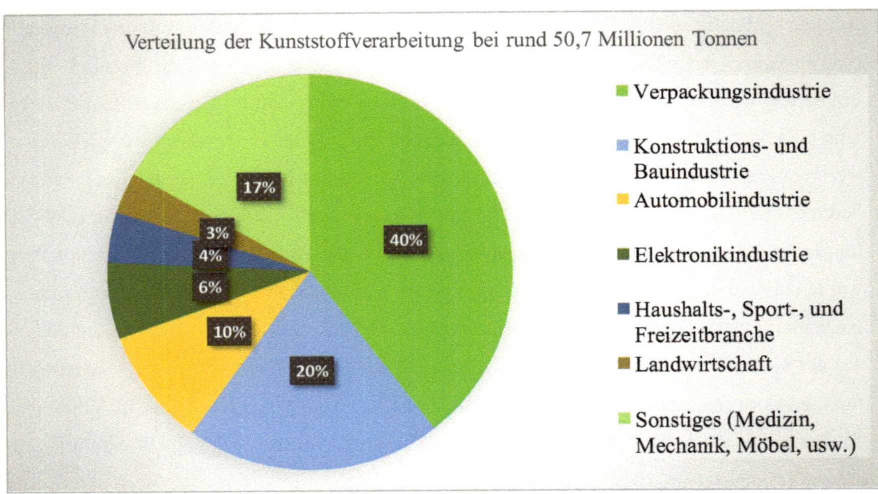

Abbildung 1: Anteilige Kunststoffverarbeitung nach Kategorien (eigene Darstellung in Anlehnung an PEMRG et al., 2020, S. 24)

Das primäre Mikroplastik wird vor allem als Abrasionsmittel in der Industrie, in Reinigungsmitteln und in Kosmetika verwendet. In Deutschland betrug der jährliche Verbrauch von Mikroplastik in Form von Kosmetika, Dusch- und Reinigungsmitteln etwa 500 Tonnen (Wöhrle, 2019, S. 62). Anwendungsbereiche des primären Mikroplastiks finden sich neben dem Mikroplastik in der Kosmetikindustrie ebenfalls in der Bereifung, in den Straßenmarkierungen, in synthetischen Textilen, in Plastikpellets und Beschichtungen der Marineindustrie wieder (Boucher et al., 2017, S. 12). Da der Großteil der Standardkunststoffe mit 61% als kurzlebige Produkte verwendet werden wird im nachfolgenden Kapitel die Frage geklärt, wie die Mengen an Kunststoffen entsorgt werden (Wöhrle, 2019, S. 60).

3.1.4 Entsorgung von Kunststoffen

Nach dem Gebrauch der Kunststoffe werden diese auf Abfalldeponien gebracht, verbrannt, unsachgemäß entsorgt oder wiederverwertet (Fath, 2019, S. 17). Die Recyclingindustrie wirft oftmals nicht genügend Profit ab, sodass das Recycling aller wiederverwertbaren Kunststoffe auf Recyclingdeponien nicht gewährleistet werden kann (ebd.). Durch das Defizit im Abfallmanagement gelangen große Mengen an Kunststoffen auf verschiedenste Arten in die Umwelt, welche im nächsten Abschnitt näher erläutert werden (ebd.). Die Kunststoffe, die in die Umwelt getragen werden, sind äußeren Umwelteinflüssen ausgesetzt, sodass die Kunststoffe in immer kleinere Partikel zerfallen (ebd.). Der Zerfall des Makrokunststoffes in kleinere Kunststoffpartikel wird Degradierung genannt und kann auf physikalischer, chemischer und biologischer Ebene erfolgen. Unter die physikalischen Zersetzungsprozesse fallen thermischen Prozesse wie beispielsweise die Verbrennung von Kunststoffen und die mechanischen Prozesse wie der Abrieb durch Sand- und Sedimentpartikel (Fath, 2019, S. 21). Die Photochemie durch Ultraviolettstrahlung (UV-Strahlung), die Oxidation unter Sauerstoffeinwirkung sowie die Hydrolyse als Reaktion mit Wasser werden unter den chemischen Zersetzungsprozessen zusammengefasst, die eine Versprödung der Kunststoffe verursachen (ebd.). Zuletzt ist der bakterielle Zerfall von Kunststoffen möglich, der auf der biologischen Ebene erfolgt (ebd.). Im Hinblick auf die Degradierung der Kunststoffe in marinen Systemen stehen vor allem die physikalischen und chemischen Prozesse im Vordergrund, da diese aufgrund der marinen Gegebenheiten (Winddrift, Wellenbewegung, UV-Strahlung usw.) am stärksten ausgeprägt sind (Gutow et al., 2017, S. 136).

3.1.5 Eintragspfade in die Umwelt

Es wird geschätzt, dass 4.8 bis 12.7 Millionen Tonnen Kunststoffe pro Jahr ins marine System gelangen und dass sich die Mengen von Kunststoffen bis zum Jahr 2025 verzehnfachen können (Jambeck, Geyer, Wilcox, Siegler, Perryman, Andrady, Narayan & Law, 2015, S. 768). Die Eintragspfade in das marine System unterscheiden sich in land- und ozeanbasierte Quellen. Zu den landbasierten Quellen gehören Littering, die unsachgemäße Entsorgung von Kunststoffen, die Haushalts- und Industrieabwasser sowie die Landwirtschaft. Zudem tragen natürliche Extremwettereignisse, wie Stürme oder Überflutungen, auf dem Land zum Plastikeintrag ins marine System bei, indem der Wasserabfluss mit (Mikro-)Plastik kontaminiert wird (Barnes, Galgani, Thompson & Barlaz, 2009, S. 8). Das primäre Mikroplastik gelangt beispielsweise durch Haushalts- sowie Industrieabwasser in das marine System, da das Mikroplastik dieser Größenordnung in den Kläranlagen nicht gefiltert werden kann (Browne, 2007, S. 14). Die Kunststoffe, Makro- sowie Mikroplastik, gelangen oftmals durch Fließgewässer in das marine System. Schätzungen zufolge gelangen auf diesem Weg 1.15 bis 2.41 Million Tonnen Kunststoffe in das marine System (Lebreton, van der Zwet, Damsteeg, Slat, Andrady & Reisser, 2017, S. 3). Dabei sind rund 90% der Plastikeinträge durch Fließgewässer auf die Flüsse in Asien, Afrika, Zentral- und Südamerika sowie Europa zurückzuführen (ebd.). Weiterführende Literatur zur Plastikverschmutzung in Süßwasser-Ökosystemen befinden sich im Anhang. Transportverluste von Kunststoffen können eine weitere Eintragsquelle in die Umwelt darstellen (Cole, Lindeque, Fileman, Clark, Lewis, Halsband, Galloway, 2016, S. 9). Zu den ozeanbasierten Eintragspfaden gehören Schiffsabfälle, Fischereiaktivitäten, natürliche Sturmereignisse sowie die illegale Abfallentsorgung auf offener See (Lechthaler, 2020, S. 12). Zusätzlich tragen Tourismusaktivitäten am und auf dem Ozean dazu bei, dass Kunststoffe in das marine System gelangen (ebd.).

3.2 Das marine System

Nachdem die Eintragspfade der Kunststoffe in das marine System erläutert wurden, wird nun das marine System inklusive das Pelagial, das Benthal und die darin befindlichen Nahrungsbeziehungen näher betrachtet. Aufgrund der Komplexität des marinen Ökosystems ist hierbei lediglich eine Betrachtung der für diese wissenschaftliche Arbeit relevanten Vorgänge möglich.

3.2.1 Das Pelagial

Das Pelagial (aus dem griechischen *pelagos*= Meer) umfasst den gesamten Lebensraum des freien Wassers von der Meeresoberfläche bis hin zum Meeresboden (Schiel, Cornils & Niehoff, 2017, S. 27). Der pelagische Lebensraum besitzt dabei das größte Biovolumen und stellt den größten Lebensraum auf der Erde dar (ebd.). Dabei umfasst dieser Lebensraum eine umfangreiche Biodiversität, die von kleinsten Lebewesen bis hin zu riesigen Lebewesen reicht. Die Lebewesen des Pelagials werden anhand ihrer Schwimmleistung in Plankton und Nekton unterschieden. Dabei steht der Begriff Plankton (griechisch= das Treibende) für jene Organismen, deren eigene Fortbewegung so niedrig ist, dass die Organismen des Planktons mit der Wasserbewegung mittreiben (ebd.). Das Plankton wird weiter in Virio-, Bakterio- und Mykoplankton sowie in Phyto- und Zooplankton aufgeteilt (Schiel et al., 2017, S. 28). Das Virio-, Bakterio- und Mykoplankton besteht aus Viren, Bakterien und Pilzen (ebd.). Unter dem Begriff des Phytoplanktons werden alle pflanzlichen, autotrophen (aus dem griechischen *autotrophos*= sich selbst ernährend (Spektrum, 1999a)) Organismen verstanden. Das Zooplankton umfasst jene Organismen, die heterotroph sind, d.h. die sich von organischen Substanzen ernähren (Schiel et al., 2017, S. 28). Das Zooplankton kann ebenfalls noch in Holoplankton, Meroplankton und Ichthyoplankton unterschieden werden. Zum Holoplankton gehören die Organsimen, die ihren gesamten Lebenszyklus im Pelagial durchlaufen (ebd.). Die zum Meroplankton zugehörigen Organismen verbringen nur einen Teil ihres Lebens im Pelagial (ebd.). Abschließend werden jene Organismen wie Eier und Larven, die zum Nekton heranreifen, als Ichthyoplankton bezeichnet (ebd.). Im Zooplankton sind mit Ausnahme der Fischbrut nur wirbellose Tiere vertreten (ebd.). Die meisten Planktonorganismen befinden sich in einer Größenordnung von Mikrometern bis zu Zentimetern, wobei einige Arten der Quallen als Megaplankton auch einen weitaus größeren Durchmesser erreichen können (ebd.). Kennzeichnend für das Nekton ist, dass es im Gegensatz zum Plankton gegen die Meeresströmungen schwimmen kann. Zum Nekton gehören bis auf die Ausnahme der wirbellosen Tintenfische lediglich Wirbeltiere wie Fische, Reptilien, Vögel oder Säuger (ebd.). Die Größenordnung der als Nekton zugehörigen Lebewesen umfasst eine Spanne von wenigen Zentimetern bis hin zu maximal vierunddreißig Metern Körperlänge (ebd.). Im Lebensraum Pelagial existieren, wie in anderen Lebensräumen auch, Nahrungsbeziehungen, die im übernächsten Kapitel 3.2.3 näher erörtert und beschrieben werden.

3.2.2 Das Benthal

Das Benthal, der Meeresboden, macht mit zwei Drittel der gesamten Erdoberfläche (362 Millionen km^2) einen riesigen Lebensraum aus (Piepenburg, Brandt, von Juterzenka, Link, Martinez Arbizu, Schmid, Thomsen und Veit-Köhler, 2017, S. 179). Das Benthal erstreckt sich von den Küstenzonen bis in die Tiefen der Weltmeere (ebd.). Der Wissenschaft nach wird das Benthal in zwei Typen eingeteilt: Das Phytobenthos und das Zoobenthos (Piepenburg et al., 2017, S. 183). Zum Phytobenthos gehören Pflanzen wie z.B. Seegras, Großalgen oder Kieselalgen (Diatomeen), die aufgrund ihrer Lichtabhängigkeit auf einen sehr geringen Teil des Meeresbodens (etwa 2%) begrenzt sind (ebd.). Das Zoobenthos hingegen ist weitreichender vertreten, da es nicht zum Überleben vom Licht abhängig ist (ebd.). In der Lebensgemeinschaft des Zoobenthos leben verschiedenste Vertreter von einzelligen Lebewesen bis hin zu Wirbeltieren (ebd.). Besonders wichtig sind hierbei hinsichtlich des Artenreichtums und der Biomasse die Nesseltiere, die Weichtiere, die

Ringelwürmer, die Krebse sowie die Stachelhäuter (ebd.). Dabei wird in der Ökologie unterschieden, ob die benthischen Organismen im Benthos, d.h. endobenthisch (griechisch *endon*= innen), oder auf dem Benthos, d.h. epibenthisch (griechisch *epi*= auf, über) leben (Piepenburg et al., 2017, S. 184). Die meisten epibenthischen Organismen wie Schnecken, Seesterne und die meisten Krebsarten können sich fortbewegen, wohingegen einige Vertreter des Epibenthos ihr Leben lang an einem Platz festgewachsen sind (ebd.). Diese Vertreter, die sich nicht fortbewegen können, werden als sessil bezeichnet (ebd.). Das Größenspektrum des Zoobenthos reicht von wenigen Mikrometer kleinen Einzellern bis hin zu über einen Meter großen Fischen (Piepenburg et al., 2017, S. 185). Viele Arten des Zoobenthos ernähren sich durch kleine Nahrungsorganismen oder -teilchen. Sie werden als makrophag (griechisch *makros*= groß; griechisch *phagein*= fressen) bezeichnet (Piepenburg et al., 2017, S. 189). Dazu gehören die Strudler und Filtrierer, die sogenannten Suspensionsfresser, die organischen Partikel aus dem bodennahen Wasser heraussieben können. Tentakelfänger, die driftende Planktonorganismen im bodennahen Wasser erbeuten können gehören ebenfalls zu den makrophagen Organismen (ebd.). Makrophage Organismen können als bewegliche Räuber und Aasfresser auch größere Beute fangen und fressen (ebd.). Die beweglichen mikrophagen (griechisch *mikros*= klein; griechisch *phagein* = fressen) Organismen des Benthos ernähren sich durch das Abfressen von Bakterien- oder Algenbewuchs und werden als Weidegänger bezeichnet (ebd.). Die mikrophagen Substratfresser nehmen die im Sediment enthaltene, tote (Detritus) oder lebende, Nahrung auf (ebd.). Abschließend gibt es im Benthos noch Organismen, die sich von endosymbiontischen Mikroorganismen ernähren (ebd.).

3.2.3 Die marinen Nahrungsbeziehungen

In einem Ökosystem, wie dem marinen System, existieren die Organismen nicht unabhängig voneinander, sondern es existieren verschiedene Wechselbeziehungen wie beispielsweise die Nahrungsbeziehungen (Assmann, Drees, Härdtle, Klein, Schuldt & von Oheimb, 2014, S. 147). Diese Beziehungen dienen dem Aufbau körpereigener Strukturen sowie der Biomasse und der Deckung des eigenen Energiebedarfes (ebd.). Es entstehen zwischen den Nahrungsbeziehungen Stoffkreisläufe sowie Energieflüsse, die von einer niedrigen Trophiestufe (Primärproduzenten) zu hohen Trophiestufen (Konsumenten) abnehmen (ebd.). Pflanzen betreiben Photosynthese, um energiehaltige organische Substanzen aufzubauen. Diese Pflanzen sind autotroph und werden Primärproduzenten genannt (Assmann et al., 2014, S. 148). Die Primärproduzenten werden von unterschiedlichen Pflanzenfressern, sprich Herbivore oder Phytophage, gefressen, diese wiederum werden von Räubern erbeutet (ebd.). Organismen, die sich von anderen Organismen ernähren, werden als heterotroph bezeichnet. Diese werden weiter von anderen Räubern gefressen, sodass verschiedene Trophiestufen entstehen. Abgestorbene Organismen und tote Biomasse wird von Organismen, sogenannten Zersetzern darunter Saprophagen, Destruenten und/oder Mineralisierer, zersetzt. Die Zersetzer nehmen die Nahrung auf und setzen dabei Nährstoffe wieder frei, sodass den Primärproduzenten die Nährstoffe erneut zur Verfügung stehen (Assmann et al., 2014, S. 149). So existiert auf der niedrigen Trophiestufe hohe Mengen an Biomasse und Energie. Je nach Region können dabei verschiedene Verkettungen und Wechselbeziehungen auftreten. Aufgrund der Komplexität der marinen Nahrungsbeziehungen wird der Begriff der Nahrungskette durch den Begriff des Nahrungsnetzes ersetzt, da dieser der realen Komplexität der Nahrungsbeziehungen näherkommt (Sommer, 2005, S. 211). Ein Beispiel für die Komplexität des Nahrungsnetzes ist, dass sich Phytoplankter von Licht, Kohlendioxid und Mineralstoffen ernähren (Sommer, 2005, S. 209). Ein herbivorer Zooplankter frisst neben Phytoplankter auch heterotrophe Nanoflagellaten, Ciliaten und Bakterien (Sommer, 2005, S. 211). Wohingegen die heterotrophen Nanoflagellaten kleine Organismen des Phytoplanktons namens Picophytoplankton und/oder Bakterien fressen (ebd.). Die Ciliaten wiederum fressen heterotrophe Nanoflagellaten, Phytoplankter und Bakterien (ebd.). Bei den Fischen hingegen können Individuen herbivore als auch carnivore Zooplankter fressen, sodass weitere Beziehungen im Nahrungsnetz entstehen (ebd.). So zeigt sich, dass das Nahrungsgefüge im marinen System keine einfache Kette, sondern vielmehr ein variables Nahrungsnetz darstellt. In der Vergangenheit wurde zudem die Bedeutung der Mikrobenschleife für das Nahrungsnetz unterschätzt. In den Meeren befinden sich gelöste organische Substanzen (DOC), die fast ausschließlich aus der Primärproduktion des Phytoplanktons stammen (ebd.). Die organischen Stoffe stammen zum Teil direkt aus gelösten Photosyntheseprodukten, die im Wasser freigesetzt werden. Der weitere Teil bildet sich aus der Algenbiomasse (ebd.). Die entstandenen organischen Stoffe werden „durch Fraß und Verdauungaktivität[en] des Zooplanktons, durch Virenbefall und Auflösen der Algenzellen, auch nach Infektion und Auflösung durch parasitische Bakterien" (Sommer, 2005, S. 211) gelöst und den heterotrophen Bakterioplankton verfügbar gemacht (ebd.). Indem das Bakterioplankton von heterotrophen Flagellaten (die Hauptkonsumenten des Bakterioplanktons) aufgenommen wird, gelangt etwa ein Drittel der gelösten organischen Substanz in die gebundene Biomasse (ebd.). Da die heterotrophen Flagellaten als Nahrung für Ciliaten und das Metazooplankton dienen, werden somit die von den Flagellaten aufgenommenen DOC indirekt weitergegeben (ebd.). So werden die ursprünglichen DOC durch das Bakterioplankton und die Protozoen wieder in das marine Nahrungsnetz eingeführt, sodass eine Mikrobenschleife im Nahrungsnetz entsteht.

3.3 Mikroplastik im marinen System

Das Mikroplastik in marinen Systemen stellt eine Gefährdung des Ökosystems Meer dar, da das Mikroplastik mit einer Größenordnung im µm-Größenbereich für Organismen des marinen Nahrungsnetzes bioverfügbar ist. Wie bereits im Kapitel 3.1.2 thematisiert, treiben Mikroplastikpartikel mit einer geringeren Dichte als Wasser an der Wasseroberfläche (Ivar do Sul & Costa, 2014, S. 353). Die Mikroplastikpartikel können aber auch unter verschiedenen Umständen auf den Meeresgrund, dem Benthal, sinken (Li, 2018, S. 147). Mögliche Transportwege des Mikroplastiks vom Pelagial zum Benthal sind das Sinken durch ausgeschiedene Fäkalpellets von Zooplankton, die das Mikroplastik an der Wasseroberfläche aufgenommen haben, oder die Bildung eines Biofilms durch Organismen, welche die physikalischen Eigenschaften des Mikroplastiks verändern können (Cole et al., 2016; Rummel, Jahnke, Gorokhova, Kühnel & Schmitt-Jansen, 2017). Die genaue Menge an Mikroplastik in den marinen Systemen ist nur schwer zu beziffern, da die potenziellen zugeführten Mengen je nach Region stark variieren können und eine Quantifizierung schwer umzusetzen ist (Shim et al., 2018, S. 4). Im weiteren Verlauf dieses Kapitels werden zahlreiche Studien betrachtet, welche die Aufnahme von Mikroplastik in verschiedenen marinen Organismen sowie den Transfer von Mikroplastik über das marine Nahrungsnetz analysieren. Aufgrund der Komplexität des marinen Systems und der darin befindlichen Nahrungsbeziehungen ist bisher keine Analyse eines umfassenden Nahrungsnetzes möglich, daher wurden in den Studien exemplarische Transferversuche im Labor umgesetzt. Die Ergebnisse der Studie verweisen auf eine mögliche Übertragung auf das natürliche Ökosystem und dessen Wechselbeziehungen im marinen System. Das Mikroplastik gelangt über verschiedene Wege in das marine Nahrungsnetz. In Kapitel 3.3.1 werden Studien angeführt, die eine direkte Aufnahme von Mikroplastik durch ausgewählte marine Organismen untersuchen. Die direkte Aufnahme von Mikroplastik erfolgt oftmals durch nicht-selektierte Nahrungsstrategien der Organismen oder über Fehlidentifikationen der aktiven Selektion aufgrund von sensorischen und/oder visuellen Signalen und/oder Geruchssignalen (Nelms, Galloway, Godley, Jarvis, Lindeque, 2018, S. 1000). In Kapitel 3.3.2 werden Studien angeführt, welche die indirekte Aufnahme von Mikroplastik über das marine Nahrungsnetz untersuchen. Die indirekte Aufnahme von Mikroplastik erfolgt beispielsweise durch die Aufnahme bereits mit Mikroplastik kontaminierter Beute (ebd.).

3.3.1 Mikroplastik in einzelnen marinen Organismen

Die Aufnahme und Kontaminierung mit Mikroplastik durch Vertreter des Planktons und des Nektons wurde in mehreren Studien untersucht. Die Primärproduzenten, darunter das Phytoplankton, sind autotrophe Organismen, die sich selbst ernähren und keine Nahrung in Form von Beute zum Überleben benötigen. Dennoch bilden sie einen wichtigen Bestandteil in den marinen Nahrungsbeziehungen, weshalb bei der Studie von Gutow, Eckerlebe, Giménez und Saborowski (2016) die Kontaminierung mit Mikroplastik auf der Oberfläche des Phytoplanktons untersucht wurde. Den Ergebnissen zufolge waren die Membranoberflächen des Seegrases *Fucus vesiculosus* mit Mikroplastik angereichert, darunter vor allem mit Mikroplastikfasern (Gutow et al., 2016, S. 920). Da die Primärproduzenten die Basis im Nahrungsnetz darstellen, kommt es durch Organismen wie Vertretern des Zooplanktons, die sich von dem Phytoplankton ernähren, zur Aufnahme des Mikroplastiks. Das Zooplankton hat im marinen Nahrungsnetz eine Schlüsselrolle inne, da es eine Verbindung zwischen dem Phytoplankton als Primärproduzenten und den Organismen höherer Trophiestufen bildet (Lin, 2016, S. 161). Neben der Schlüsselrolle als Bindeglied erhält das Zooplankton aufgrund seiner Bedeutung in den Carbon- und Nährstoffzyklen im Ökosystem eine entscheidende Rolle (ebd.). Mikrozooplankton, wie die heterotrophen Dinoflagellaten, nehmen als Weidengänger ein Großteil des Phytoplanktons auf (Fulfer & Menden-Deuer, 2021, S.1). Daher wurde die Aufnahme von Mikroplastik durch die heterotrophen Dinoflagellaten der Spezies *Oxyrrhis marina, Gyrodinium sp.* und *Protoperidinium sp.* untersucht. Die Aufnahme von Mikroplastik durch die Organismen erfolgt durch die Verwechslung von Mikroplastik mit ihrer Nahrung aufgrund der Ähnlichkeit in Form und Größe (Fulfer & Menden-Deuer, 2021, S. 2). Die Ergebnisse der Untersuchung der heterotrophen Dinoflagellaten ergab, dass die Individuen der Spezies *Oxyrrhis marina* und *Gyrodinium sp.* Mikroplastik eingenommen haben, wohingegen die Individuen der Spezies *Protoperidinium sp.* aufgrund ihrer spezialisierten Nahrungsstrategie kein Mikroplastik eingenommen haben (Fulfer et al., 2021, S. 8). Die Aufnahme von Mikroplastik wurde ebenfalls bei den Copepoda, sogenannte Ruderfußkrebse, und den Euphausia, auch Krill genannt, untersucht (Cole, Lindeque, Fileman, Halsband & Galloway, 2015, S. 1130; Desforges, Galbraith & Ross, 2015, S. 320). Dafür wurden Ruderfußkrebse der Spezie *Calanus helgolandicus* und *neocalanus cristatus* sowie Individuen des Krills *Euphausia pacifica* Experimenten unterzogen, bei denen die Individuen verschiedenen Konzentrationen von Mikroplastik, darunter auch Polystyrol, ausgesetzt wurden (Cole et al., 2015, S. 1130; Desforges et al., 2015, S. 320). Nachdem die Organismen für mehrere Stunden in mit Mikroplastik angereicherten Wasserproben gehalten wurden,

wurden die jeweiligen Individuen auf die Einnahme von Mikroplastik analysiert. Die Ergebnisse zeigten, dass sich das Mikroplastik im Magen-Darm-Trakt der Organismen gesammelt hat, bevor es nach einem Verdauungszeitraum wieder ausgeschieden wurde (ebd.). So wurden ein Mikroplastikpartikel pro vierunddreißig Ruderfußkrebse und ein Mikroplastikpartikel pro siebzehn Krill in den Organismen gefunden (Desforges et al., 2015, S. 320). Bei den gewählten Individuen handelt es sich um Suspensionsfresser sowie Filtrierer, die das Mikroplastik durch nicht-selektive Nahrungsstrategien aufnehmen (Desforges et al., 2015, S. 326). Nachdem die Aufnahme und Kontaminierung mit Mikroplastik bei Organismen des Planktons untersucht wurde, folgt nun die Untersuchung von Organismen des Nektons auf die Aufnahme von Mikroplastik. Lusher, O'Donnell, Officer und O'Connor (2016) haben im Nordatlantik Individuen der mesopelagischen Fische auf das Vorkommen von Mikroplastik untersucht. Unter den 761 Individuen waren knapp 11% mit Mikroplastik kontaminiert, sodass sich, auf das marine System umgerechnet, ungefähr 60.5 bis 66 Millionen Tonnen kontaminierte mesopelagische Fische in den Ozeanen befinden (Lusher et al., 2016, S. 1217). Die untersuchten Carangidae, die sogenannte Makrele, der Spezies *Decapterus muroadsi* war Untersuchungen zufolge ebenfalls mit Mikroplastik kontaminiert (Ory, Sobral, Ferreira & Thiel, 2017, S. 1). Sechzehn der zwanzig analysierten Individuen enthielten ein bis fünf Mikroplastikpartikel, dass entspricht 80% (ebd.). Die Ergebnisse zahlreicher Studien weisen darauf hin, dass das Mikroplastik nach unterschiedlichen Zeitspannen von den Organismen wieder ausgeschieden werden (Cole et al., 2016; Setälä, Fleming-Lehtinen & Lehtiniemi, 2014; Nelms et al., 2018). Aufgrund der Bedeutung von Fäkalpellets in den Stoffkreisläufen des marinen Systems, werden die ausgeschiedenen Mikroplastikpartikel wieder für koprophage Organismen (griechischen *koprophagos* = Kot fressend (Spektrum 1999i)) bioverfügbar gemacht, sodass das zuvor an der Wasseroberfläche treibende Mikroplastik auf das Benthal sinkt und dem Zoobenthos verfügbar wird (Cole et al., 2016, S. 3243f.). Die Auswirkungen auf die Organismen, die durch die Aufnahme von Mikroplastik entstehen, werden in Kapitel 3.3.3 näher erläutert. Die abgebildete Tabelle 1 fasst die Ergebnisse des Kapitels 3.3.1 noch einmal zusammen, bevor im nächsten Kapitel der Untersuchungsgegenstand des Transfers von Mikroplastik über das marine Nahrungsnetz thematisiert wird.

Tabelle 1: Aufnahme von Mikroplastik durch einzelne Organismen (eigene Darstellung)

Spezies	Anzahl der Individuen	Ort	Anzahl an Mikroplastik pro Individuum	Referenz
Ruderfußkrebse				
C. helgolandicus	-	Westliches English Channel	-	Cole et al. (2015)
N. cristatus	960	Nordost Pazifik	Ein Partikel pro 34 Individuen	Desforges et al. (2015)
Krill				
E. Pacifica	413	Nordost Pazifik	Ein Partikel pro 17 Individuen	Desforges et al. (2015)
Fische				
Decapterus muroadsi	20	Osterinsel	Mindestens 1 Partikel pro Individuum	Ory et al. (2017)
Mesopelagische Fische	761	Nordatlantik	1,2 Partikel pro Individuum	Lusher et al. (2016)

3.3.2 Transfer von Mikroplastik über das marine Nahrungsnetz

Nachdem die Aufnahme von Mikroplastik durch einzelne Organismen erarbeitet wurde, wird in diesem Kapitel der Transfer von Mikroplastik über potenzielle Nahrungsbeziehungen betrachtet. Um der Forschungsfrage *„Inwieweit kann sich das Mikroplastik über das marine Nahrungsnetz anreichern?"* nachzugehen, werden nun Studien angeführt, die den Transfer von Mikroplastik über die marinen Nahrungsnetze erörtern. Die Abbildung 2 fasst die potenziellen Transferwege von Mikroplastik über das Nahrungsnetz zusammen, die teilweise anhand der nachfolgenden

Studien bewiesen werden. Im Hinblick auf das bereits erörterte Kapitel 3.2.3 wird in Abbildung 2 lediglich ein exemplarisches und vereinfachtes Nahrungsnetz dargestellt, dass aus genannten Gründen nicht die gesamte Komplexität der Nahrungsbeziehungen in marinen Systemen widerspiegelt. Die schwarzen Pfeile deuten in der Abbildung potenzielle Nahrungsbeziehungen im marinen Ökosystem an, die jedoch in dieser Arbeit nicht näher betrachtet werden. Die bunten Pfeile in der Abbildung stellen die Studien, die in diesem Kapitel angeführt werden, dar. Die Konsumenten in der jeweiligen Nahrungsbeziehung werden durch den Pfeil auf das entsprechende Feld verdeutlicht (Beispiel: Das Phytoplankton wird vom Weichtier gefressen; Das Weichtier wiederum wird von den Krebsen gefressen).

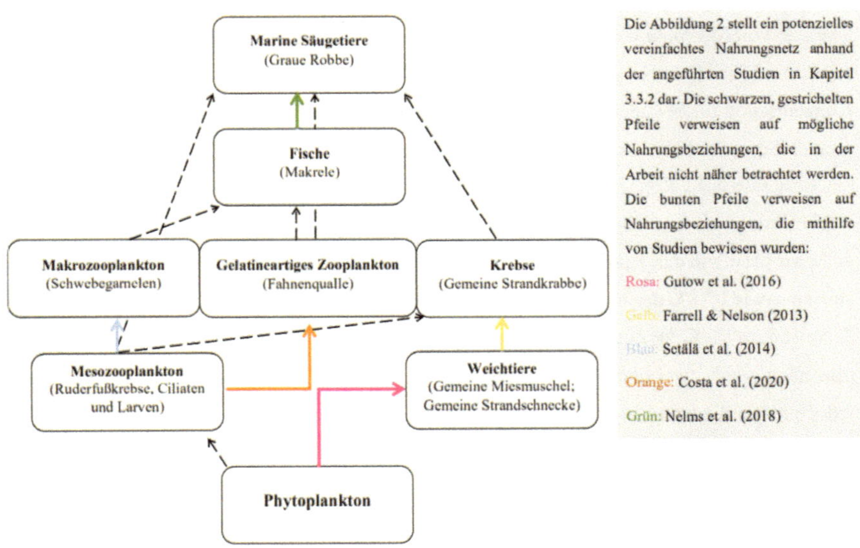

Die Abbildung 2 stellt ein potenzielles vereinfachtes Nahrungsnetz anhand der angeführten Studien in Kapitel 3.3.2 dar. Die schwarzen, gestrichelten Pfeile verweisen auf mögliche Nahrungsbeziehungen, die in der Arbeit nicht näher betrachtet werden. Die bunten Pfeile verweisen auf Nahrungsbeziehungen, die mithilfe von Studien bewiesen wurden:

Rosa: Gutow et al. (2016)

Gelb: Farrell & Nelson (2013)

Blau: Setälä et al. (2014)

Orange: Costa et al. (2020)

Grün: Nelms et al. (2018)

Abbildung 2: Exemplarisches und vereinfachtes Nahrungsnetz (eigene Darstellung)

Zu Beginn wird der Transfer von Mikroplastik über das benthische Seegras *F. vesiculosus* als Primärproduzenten bis zur Littorina littorea der Spezies der Gemeinen Strandschnecken als Konsument veranschaulicht (Gutow et al., 2016). In Kapitel 3.3.1 wurde bereits die Kontaminierung des Phytoplanktons der Spezies *F. vesiculosus* mit Mikroplastik betrachtet. Die Gemeinen Strandschnecken wurden für das Experiment mit kontaminiertem Phytoplankton (Seegras) gefüttert, um den Transfer und die Aufnahme von Mikroplastik zu erforschen (Gutow et al., 2016, S. 917).

Nachdem die Gemeinen Strandschnecken das Seegras konsumiert hatten, wurden das Vorkommen von Mikroplastik in dem Magen-Darm-Trakt sowie den Fäkalpellets analysiert. Der Studie zufolge waren in 62 von 70 Fäkalpellets (89%) Mikroplastikpartikel enthalten (Gutow et al., 2016, S. 920). Die Ergebnisse der Studie verweisen auf die Aufnahme und den Transfer von Mikroplastik im marinen Nahrungsnetz durch Primärproduzenten und deren Konsumenten (ebd.). In der Abbildung 2 ist die beschriebene Nahrungsbeziehung mit dem rosa Pfeil dargestellt. Des Weiteren wird nun der Transfer von Mikroplastik über benthische Nahrungsbeziehungen mithilfe der Studie von Farrell und Nelson (2013), die in der Abbildung mit dem gelben Pfeil markiert ist, erläutert. In der Studie von Farrell und Nelson wurden Individuen der Spezies *Mytilus edulis*, der Gemeinen Miesmuschel, sowie der Spezies *Carcinus maenas*, der Gemeinen Strandkrabbe, gesammelt, um den Transfer von Mikroplastik über das exemplarische benthische Nahrungsnetz laboratorisch zu untersuchen (Farrell & Nelson, 2013, S. 2). Zunächst wurden die Gemeinen Miesmuscheln einer Konzentration fluoreszierendem PS ausgesetzt, bevor ihr dadurch kontaminiertes Gewebe den Gemeinen Strandkrabben als Nahrung gegeben wurde (ebd.). Die Ergebnisse des Experiments zeigten, dass sich hohe Konzentrationen an Mikroplastik im Magen, im Hepatopancreas, in den Eierstöcken sowie in den Kiemen der Gemeinen Strandkrabbe angesammelt hatten (ebd.). Die Menge an Mikroplastik in den Krabben wurde auf 0,04% der den Muscheln zugeführten Menge an Kunststoffen sowie 0,28% der in den Muscheln verbliebenen Menge an Mikroplastik geschätzt (Farrell & Nelson, 2013, S. 3). Zudem wurden die höchsten Konzentrationen an Mikroplastik im Organismus nach einer, zwei und vier Stunden nach der Zugabe der kontaminierten Beute festgestellt, jedoch nahm die Konzentration danach stark ab und nach ungefähr einundzwanzig Tagen waren keine Mikroplastikpartikel mehr in den Organismen zu finden (Farrell & Nelson, 2013, S. 2). Nachdem der exemplarische Transfer von Mikroplastik über benthische Nahrungsnetze dargestellt wurde, werden im Folgenden Studien angeführt, die den Transfer über pelagische Nahrungsnetze untersuchen. Die Studie von Setälä et al. (2014) untersuchte verschiedene Zooplanktonindividuen auf die potenzielle Aufnahme von Mikroplastik und den einhergehenden Transfer auf andere Individuen des Zooplanktons (Setälä et al., 2014, S. 77). Die Individuen des Mesozooplanktons, darunter Ruderfußkrebse, Ciliaten und Larven von Ringelwürmern, wurden zunächst fluoreszierendem PS ausgesetzt, um nach der erfolgreichen Kontaminierung dem Makrozooplankton, hier Mysida (im Deutschen: Schwebegarnelen), als Nahrung zu dienen (Setälä et al., 2014, S. 78). Dabei waren Individuen des Mesozooplanktons (Larven der Ringelwürmer) dabei, die als Meroplankton nur einen Teil ihres Lebens im Pelagial verbringen (Setälä et al., 2014, S. 82). Die Ergebnisse zeigen, dass die Schwebegarnelen größtenteils Mikroplastik durch die indirekte Aufnahme über ihre Beute eingenommen haben (Setälä et al., 2014, S. 79). Dabei wurde die Abhängigkeit der Aufnahme von Mikroplastik durch Faktoren wie der Größe und die Konzentration des Mikroplastiks sowie von dem Vorkommen natürlicher Beute erwiesen (Setälä et al., 2014, S. 80). Zudem wurde auch in dieser Studie darauf hingewiesen, dass das Mikroplastik durch die Organismen teilweise wieder ausgeschieden wurde (Setälä et al., 2014, S. 79). Rückführend auf die Abbildung 2 ist dieser Transfer durch den blauen Pfeil gekennzeichnet. Auch die Studie von Costa, Piazza, Lavorano, Faimali, Garaventa und Gambardella (2020) untersucht den Sachverhalt eines Transfers von Mikroplastik über das exemplarische pelagische Nahrungsnetz vom Zooplankton, hier Ruderfußkrebse der Spezies *T. fulvus,* zum gelatineartigen Zooplankton, der Fahnenqualle *Aurelia sp.* (Costa et al., 2020, S. 3). Die Individuen des Ruderfußkrebses *T.fulvus* wurden PE ausgesetzt, bevor sie als Nahrung für die Fahnenqualle *Aurelia sp.* genutzt wurden (ebd.). Nach knapp vierundzwanzig Stunden konnten Mikroplastikpartikel in der Qualle festgestellt werden, sodass ebenfalls ein Transfer über das Nahrungsnetz angenommen werden kann (ebd.). Die Studie ist anhand des orangenen Pfeils in der Abbildung 2 abgebildet. Abschließend wird noch der Transfer von Mikroplastik der Atlantischen Makrele der Spezies *Scomber scombus* zur Grauen Robbe der Spezies *Halichoerus grypus* analysiert (Nelms et al., 2018, S. 999). Die Makrelen wurden als Wildfang auf einem Fischmarkt erworben, um als Nahrung für die Grauen Robben zu dienen (Nelms et al., 2018, S. 1000). Die Makrelen wurden auf Mikroplastik im Organismus untersucht und die Ergebnisse zeigen, dass 32% der Individuen ein bis vier Mikroplastikpartikel aufgenommen hatten (ebd.). Bei den Konsumenten der Makrelen handelt es sich um Robben aus dem Cornish Seal Sanctuary in Gweek, Cornwall (Vereinigtes Königreich England) (ebd.). Für die Studie wurden die Robben mit den Fischproben gefüttert und in einen Zeitraum von sechzehn Wochen wurden zweimal pro Woche Kotproben von den Robben genommen, um die Aufnahme des Mikroplastiks durch die Nahrung zu untersuchen (ebd.). Die Ergebnisse der Untersuchung zeigen, dass fünfzehn der einunddreißig analysierten Kotproben, sprich 48%, Mikroplastik enthalten haben (Nelms et al., 2018, S. 1001). Anhand der Kotproben konnte der Transfer von Mikroplastik bestätigt werden und die Kotproben lassen auf die Ausscheidung des Mikroplastiks durch die Individuen schließen. Rückführend auf die Abbildung 2 ist die beschriebene Studie anhand des grünen Pfeils dargestellt. Nelms et al. (2018) führen an, dass die Verweildauer des Mikroplastiks in marinen Säugetieren durch weitere Forschungsarbeiten untersucht werden muss (Nelms et al., 2018, S. 1003). Nachdem die Aufnahme von Mikroplastik in einzelnen Organismen des marinen Systems sowie der Transfer von Mikroplastik über das marine Nahrungsnetz anhand von Studien betrachtet wurden, werden nun in Kapitel 3.3.3 die Auswirkungen des Mikroplastiks auf die Organismen zusammengefasst.

3.3.3 Auswirkungen auf das marine System

Die Auswirkungen auf die heterotrophen Dinoflagellaten, die eine Schlüsselrolle im marinen System innehaben, können weitreichende Folgen mit sich bringen. Die Studie von Fulfer und Menden-Deuer (2021) hat gezeigt, dass Organismen, die Mikroplastik eingenommen haben, ein Rückgang von knapp 30% der Wachstumsrate aufweisen. Infolgedessen ist ein zwei- bis vierfacher Rückgang der Verfügbarkeit von Beute für die heterotrophen Dinoflagellaten der Spezies *Gyrodinium sp. und O. marina* zu verzeichnen (Fulfer & Menden-Deuer, 2021, S. 9). Aufgrund der verringerten sekundären Produktion der Dinoflagellaten können weitreichende Folgen für den Transfer von Energieflüssen, der Verfügbarkeit von Beute für Organismen höherer Trophiestufen sowie für die Struktur von mikrobialen Gemeinschaften auftreten, da weniger Weidetiere das Phytoplankton konsumieren und somit regulieren (ebd.). Die Ergebnisse der Studien von Cole et al. (2015) und Desforges et al. (2015) haben mögliche Auswirkungen auf die Ruderfußkrebse sowie den Krill dargestellt. Die kontaminierten Individuen zeigten deutliche Auswirkungen im Hinblick auf eine verringerte Nahrungsaufnahme, einhergehend mit einer niedrigeren Aufnahme der Carbonbiomasse (Cole et al., 2015, S. 1134). In Verbindung mit der verringerten Nahrungsaufnahme wurden ein Energiedefizit und eine verringerte Wachstumsrate der Ruderfußkrebse festgestellt (ebd.). Eine weitere Auswirkung war die Produktion kleinerer Eier und eine reduzierte Schlupfrate (ebd.). Cole et al. (2015) haben insgesamt eine 11%ige Verringerung aufgenommener Algenzellen als Nahrung und eine 40%ige Verringerung der Aufnahme von der Carbonbiomasse festgestellt (ebd.). Durch die bereits erwähnte Schlüsselrolle des Zooplanktons im marinen System können somit sogenannte „bottom-up"-Regulationen entstehen, die das gesamte Nahrungsnetz von ‚unten' beeinflussen können (Assmann et al., 2014, S. 151). Indem die Populationsgröße des Zooplanktons aufgrund der möglichen Auswirkungen abnimmt, können Prädatoren, sprich die Fressfeinde, ebenfalls geringere Nahrungsmengen aufnehmen, sodass eine Kaskade der Minimierung von Organismen von unten nach oben entstehen kann (ebd.). Die beschriebenen Auswirkungen auf die Organismen niedriger Trophiestufen können somit einen Nahrungs- und Konkurrenzdruck bei Organismen höherer Trophiestufen auslösen (Walkinshaw, 2020, S. 11). Des Weiteren können Auswirkungen wie die Performance des Darms oder ein ‚falsches' Völlegefühl durch die Aufnahme von Mikroplastik entstehen (Walkinshaw, 2020, S. 7). Zum Teil können die Mikroplastikpartikel auch in das Gewebe von Organismen eindringen wie die Studie von Farrell und Nelson (2013) gezeigt hat (Farrell & Nelson, 2013, S. 7). Dennoch können die meisten Mikroplastikpartikel durch die Organismen wieder ausgeschieden werden, sodass eine langfristige Anreicherung von

Mikroplastik in den Organismen eher unwahrscheinlich ist (Lusher et al., 2016, S. 1223). Obwohl die Mikroplastikpartikel nur eine kurze Verweildauer im Organismus aufweisen, können Gift- und Schadstoffe vom Mikroplastik an die Organismen abgegeben werden, die weitere Schäden an den Individuen verursachen können. Beispielsweise können sich Chemikalien, die als Additive in der Herstellung hinzugefügt wurden, lösen und im Organismus der Individuen akkumulieren. Weiterführende Literatur zu den Auswirkungen von Gift- und Schadstoffen im oder am Mikroplastik wird im Anhang aufgeführt. Allgemeine Auswirkungen von Mikroplastik in den marinen Systemen können z.B. die Veränderung von Habitaten sein, da durch das Mikroplastik Modifikationen der Populationsstrukturen auftreten können (Wright, Thompson & Galloway, 2013, S. 490). Einzelne Populationen können durch die Modifikationen auswuchern und die Beziehungen im Hinblick auf Nahrung und Konkurrenz verändern (ebd.). Abschließend kann die Aufnahme von Mikroplastik und die damit einhergehenden Auswirkungen auf marine Organismen aufgrund einer Vielzahl von Faktoren wie Nahrungsstrategien, Habitaten, Körpergröße und -gewicht stark variieren (Lusher et al., 2016, S. 1217).

4 Diskussion und Bewertung

4.1 Diskussion

Zusammenfassend können die Forschungsfragen dieser Arbeit so weit beantwortet werden, dass ein Transfer von Mikroplastik über das marine Nahrungsnetz hinweg erfolgen kann und sich daraus negative Auswirkungen für das marine System entwickeln können. Dabei unterscheiden sich die Auswirkungen auf die Organismen hinsichtlich der Organismen selbst, der Verweildauer des Mikroplastiks in den Organismen sowie der Menge an aufgenommenem Mikroplastik. Obwohl die Problematik des Mikroplastiks in marinen Systemen seit einigen Jahren intensiv erforscht wird, sind noch immer starke Defizite in den Untersuchungsgegenständen sowie deren Ergebnisse zu verzeichnen. In den Publikationen, die bisher veröffentlich wurden, werden zu wenige Variationen hinsichtlich der aktuellen Situation in marinen Systemen berücksichtigt, sodass das gesamte Spektrum an möglichen Auswirkungen auf das marine System und die darin befindlichen Nahrungsbeziehungen noch nicht weitreichend wissenschaftlich erforscht wurde. In den bisherigen Studien wurden die Experimente mit einzelnen Formen und Typen von Mikroplastikpartikeln durchgeführt, wodurch das Ausmaß an Schädigungen durch die Vielfältigkeit der Mikrokunststoffe nicht analysiert werden konnte. Denn der Mikroplastikeintrag in die Umwelt und damit in das marine System stellt nicht nur aufgrund des Mikroplastiks selbst, sondern auch bezüglich der in den

Kunststoffen verarbeiteten Stoffe eine Gefährdung für die Umwelt dar, dessen diverses Aufkommen in verschiedensten Variationen und Zusammensetzungen in der Umwelt weitere Auswirkungen hervorrufen kann. Die Auswirkungen, die bisher wissenschaftlich belegt und in dieser Arbeit angeführt sind, deuten einen starken vom Menschen verursachten Eingriff in das Ökosystem an. Jedoch fehlen auch hier noch wissenschaftliche Erkenntnisse zu den Auswirkungen des Mikroplastiks auf das gesamte marine System, sodass bisher keine ganzheitliche Problemanalyse erfolgen konnte. Obwohl sich die Auswirkungen bisher ‚nur' auf Untersuchungen einzelner Organismen beziehen, ist jedoch sicher, dass im politischen und gesellschaftlichen Handlungsfeld noch stärkere Interventionen erfolgen müssen, die den weiteren Eintrag von Mikroplastik in das marine System verhindern, um die marinen Organismen und das marine System vor rasch ansteigenden Konzentrationen von Mikroplastik und dessen Auswirkungen zu schützen. Die am 3. Juli 2021 in Kraft getretene Gesetzte zum Verbot von Einwegprodukten und zur Kennzeichnung von Einwegkunststoffen tragen bereits dazu dabei, dass weniger Einwegkunststoffe in die Umwelt und damit in das marine System getragen werden und dort zu Mikroplastik degradieren (ABI. L 164 vom 05.06.2019, S. 7 & S. 16). Zudem gilt seit dem 1. Januar 2021 ein EU-weites Exportverbot von schwer recycelbaren Kunststoffabfällen, sodass eine unsachgemäße Entsorgung in den Importländern potenziell vermieden werden kann (ABI. L 164 vom 05.06.2019, S. 10 & S. 16). Bereits 2008 wurde der Meeresschutz mit der Richtlinie 2008/56/EG zur Schaffung eines Ordnungsrahmens für Maßnahmen der Gemeinschaft im Bereich der Meeresumwelt durch die Europäische Union gefordert. Das folgende Zitat verdeutlicht noch dreizehn Jahre später die Notwendigkeit einer Priorisierung des Meeresschutzes zum Wohle der Umwelt und das Leben in dieser Umwelt:

> *„Die Meeresumwelt ist ein kostbares Erbe, das geschützt, erhalten und — wo durchführbar — wiederhergestellt werden muss, mit dem obersten Ziel, die biologische Vielfalt zu bewahren und vielfältige und dynamische Ozeane und Meere zur Verfügung zu haben, die sauber, gesund und produktiv sind. Entsprechend sollte diese Richtlinie unter anderem die Einbeziehung von Umweltanliegen in alle maßgeblichen Politikbereiche fördern und die Umweltsäule der künftigen Meerespolitik der Europäischen Union bilden."* (ABI. L 164 vom 17.06.2008, S. 19)

4.2 Belastbarkeit der Quellen

Für die Literaturrecherche dieser Arbeit habe ich fast ausschließlich wissenschaftliche Publikationen genutzt, die jedoch auf ihre Belastbarkeit geprüft werden sollen. Obwohl die Thematik der Umweltverschmutzung durch Makro- und Mikroplastik seit einigen Jahren im wissenschaftlichen Diskurs steht, sind die Erhebungsmethoden zur Quantifizierung von Plastikpartikeln im marinen

System mangelhaft. Aufgrund von verschiedenen Einsatzequipment zum Sammeln der Proben, können die Proben durch verschiedenste Materialien wie Plastiknetze verunreinigt werden und die Ergebnisse der Studien verzerren (Lusher et al., 2016, S. 1219). Auch die Verwendung von fluoreszierenden Mikroplastikpartikeln zur Untersuchung der Organismen wird als fragwürdig eingestuft, da die Fluoreszenz selbst Auswirkungen haben kann und die Proben, beziehungsweise den Untersuchungsgegenstand, verfälschen kann (ebd.). Allgemein ist eine Standardisierung der Forschungsmethoden nötig, um die Studien miteinander vergleichen zu können (Foley, Feiner, Malinich & Höök, 2018, S. 14). In den aktuellen Publikationen treten starke Variationen im Hinblick auf die Probensammlung, der zugeführten Konzentration von Mikroplastik sowie dem Einsatz von unterschiedlichen Mikroplastikpartikeln auf (ebd.). Zudem wird eine vielfältigere Verwendung von unterschiedlichen Mikroplastikproben in Bezug auf Farbe, Form, Alter und Typ des Mikroplastiks, gefordert, um die Bandbreite der unterschiedlichen Auswirkungen erforschen zu können und realitätsnah darzustellen (Rochmann et al., 2019, S. 710; Vroom, Koelmans, Besseling & Halsband, 2017, S. 994f.). Abschließend möchte ich auf den Aspekt verweisen, dass die meisten Studien im Labor durchgeführt wurden, sodass sich die Ergebnisse zu potenziellen Abläufen und Auswirkungen im natürlichen marinen System unterscheiden können (Lusher et al., 2016, S. 1221). Insgesamt stellen die verwendeten Publikationen einen fundierten Sachverhalt dar, der die kurzzeitige Anreicherung von Mikroplastik in Organismen und die daraus resultierenden Folgen für die Individuen sowie das marine System als Ganzes skizziert. Für anstehende Publikationen und Studien wäre jedoch eine einheitliche Methodik sinnvoll, um die zukünftigen Ergebnisse rund um die Thematik aussagekräftiger gestalten und vergleichen zu können.

4.3 Relevanz für die Grundschule

Nachdem der thematische Aspekt der vorliegenden Bachelorarbeit betrachtet wurde, stellt sich nun die Frage, welche Relevanz die Thematik für die Grundschule hat. Die Thematik der Umweltverschmutzung durch Kunststoffe und deren Auswirkungen auf das marine Ökosystem lassen sich, wie bereits in der Einleitung angeführt, auf die Agenda 2030 für die nachhaltige Entwicklung anwenden, die einen verantwortungsvollen Umgang mit Konsumprodukten sowie unserer Umwelt initiieren soll. Die vorliegende Thematik lässt sich in den Rahmenlehrplan für das Land Berlin in folgende Themen eingliedern: Erde, Markt, Tiere, Wasser sowie Wohnen (Landesinstitut für Schule und Medien Berlin-Brandenburg [LISUM], 2015). Dabei lassen sich Inhalte wie die Gestaltung und Nutzung durch den Menschen (LISUM, 2015, S. 28f.), der Naturschutz und das Umweltverhalten (ebd.), Verpackungen, Materialien und Rohstoffe (LISUM, 2015, S. 32f.) sowie die

Mülltrennung und Entsorgung (LISUM, 2015, S. 41) mit der beschriebenen Thematik verknüpfen (LISUM, 2015). Neben den Aspekten eines nachhaltigen und verantwortungsvollen Umgangs mit unserer Umwelt stehen im Perspektivrahmen Sachunterricht weitere Kompetenzen und Themenbereiche, die in der Grundschule angewendet und gelehrt werden sollen. Die Thematik des Mikroplastiks in marinen Systemen hat ihren Schwerpunkt in der geographischen Perspektive des Sachunterrichts, die im Bezug auf das Thema des Ökosystems Meer und der Umweltverschmutzung mit der naturwissenschaftlichen Perspektive nah verknüpft ist. Im Perspektivrahmen Sachunterricht wird als Bildungspotential festgelegt, dass „die Wahrnehmung, Erschließung von und die Orientierung in solchen Beziehungen [Mensch-Umwelt] und Verflechtungen im Hinblick auf eine nachhaltige Entwicklung im Vordergrund" (Gesellschaft für Didaktik des Sachunterrichts (GDSU), 2013, S. 46) stehen. Schüler*innen sollen dabei das Bewusstsein erlangen, „dass wir Menschen in einem engen Bezug stehen zu Naturgrundlagen wie Wasser, Luft, Boden, Rohstoffe und Energie, und dass wir Menschen durch unsere Bedürfnisse und unser Tun Naturgrundlagen nutzen, Natur gestalten, zu Veränderungen beitragen und Lebensgrundlagen gefährden, aber auch schonen können" (ebd.). Dadurch können Fragen der Teilhabe und Mitwirkung in der Gestaltung der Umwelt und der Handlungsmöglichkeiten im eigenen Lebensraum mit dem Blick auf die Verflechtungen weltweit aufkommen (ebd.). Die vorliegende Thematik lässt sich in den folgenden perspektivbezogenen Themenbereichen der Geographischen Perspektive einordnen: „Menschen nutzen, gestalten, belasten, gefährden und schützen Räume" (GDSU, 2013, S. 47) sowie „Entwicklungen und Veränderungen in Räumen" (ebd.). In diesem Themenbereich können die Schüler*innen anhand des Beispiels Mikroplastik im marinen System beschreiben, was in Räume gelangt und was die Räume verlässt (GDSU, 2013, S. 53) und sie können „mögliche Umgangsformen mit den Naturgrundlagen wahrnehmen, erkennen und die Bedeutung eines nachhaltigen Umgangs mit Naturgrundlagen verstehen" (ebd.). Anhand des Themenbereichs Entwicklungen und Veränderung in Räumen können die Schüler*innen mithilfe von unterschiedlichen Quellen Entwicklungen und Veränderungen beschreiben und einordnen (beispielsweise die Zunahme von Mikroplastik im marinen System). Schüler*innen können Vermutungen anstellen und Belege suchen, wie sich Sachverhalte entwickeln und sich beispielsweise Situationen in marinen Systemen im Hinblick auf Mikroplastik verändern (GDSU, 2013, S. 55). Zusätzlich können Schüler*innen an Projekten zur Schonung und zum Schutz von Naturgrundlagen und unseren Lebensraum mitwirken (im Bereich Abfall, Vermeidung von Mikroplastikprodukten, usw.) (ebd.). In der naturwissenschaftlichen Perspektive des Sachunterricht ist vor allem der Aspekt „Konsequenzen aus naturwissenschaftlichen Erkenntnissen für das Alltagshandeln ableiten" (GDSU, 2013, S. 39) von großer Bedeutung, da die Schüler*innen „die Notwendigkeit eines verantwortlichen Umgangs mit der Natur unter dem Aspekt der Nachhaltigkeit begründen" (GDSU, 2013, S. 41). Daraus sollen die Schüler*innen Erkenntnissen für ihren Alltag ziehen und dabei das eigene Verhalten reflektieren (GDSU, 2013, S. 41). Neben den im Perspektivrahmen Sachunterricht festgelegten Themenbereichen, in denen sich die Thematik und die Relevanz eingliedern lassen, erhält der Aspekt der Vermittlung eines nachhaltigen Umweltbewusstseins hinsichtlich des Plastiks eine wesentliche Rolle. Die Schüler*innen sollen einen verantwortungsvollen Umgang mit Konsumprodukten erlernen und dabei die Auswirkungen solcher Produkte, die Mikroplastik enthalten, auf die Umwelt kennenlernen. Gerade in der heutigen Zeit ist es wichtig ein Bewusstsein für den Umweltschutz zu initiieren, um die Ressourcen auf dem Planeten zu schützen. Neben dem sachgerechten Umgang mit (Mikro-)Plastik steht ebenfalls die sachgerechte Entsorgung der Konsumprodukte im Vordergrund. Die Schüler*innen sollen anhand der Thematik für die Auswirkungen des eigenen Handelns mit Mikroplastik und den Ressourcen auf dem Planeten sensibilisiert werden. Hauptsächlich soll in den Schüler*innen das Bewusstsein geweckt werden Mikroplastikprodukte zu vermeiden und soweit vorhanden auf nachhaltigere Alternativen zurückzugreifen, um die Organismen im marinen System sowie das marine System selbst und damit die Umwelt zu schützen. Die Problematik des *Mikroplastiks in marinen Systemen* bietet für die Schüler*innen eine lebensnahe Grundlage, um sich ihre Umwelt in Bezug auf Nachhaltigkeit zu erschließen.

Literaturverzeichnis

Literaturquellen

Anbumani, S. & Kakkar, P. (2018). Ecotoxicological effects of microplastics on biota: a review. *Environmental science and pollution research international, 25*(15), 14373–14396.

Assmann, T., Drees, C., Härdtle, W., Klein, A., Schuldt, A., von Oheimb, G. (2014). Ökosystem und Biodiversität. In Heinrichs, H. & Michelsen, G. (2014). *Nachhaltigkeitswissenschaften*. Springer Berlin Heidelberg, 147-172.

Barnes, D. K. A., Galgani, F., Thompson, R. C. & Barlaz, M. (2009). Accumulation and fragmentation of plastic debris in global environments. *Philosophical transactions of the Royal Society of London. Series B, Biological sciences, 364*(1526), 1985–1998.

Boucher, J. & Friot, D. (2017). *Primary microplastics in the oceans: A global evaluation of sources.*

Browne, M. A. (2007). Enviromental and biological consequences of Microplastic within marine Habitats. (2007). Univeristy of Plymouth.

Cole, M., Lindeque, P., Fileman, E., Halsband, C. & Galloway, T. S. (2015). The impact of polystyrene microplastics on feeding, function and fecundity in the marine copepod Calanus helgolandicus. *Environmental science & technology, 49*(2), 1130–1137.

Cole, M., Lindeque, P. K., Fileman, E., Clark, J., Lewis, C., Halsband, C. & Galloway, T. S. (2016). Microplastics Alter the Properties and Sinking Rates of Zooplankton Faecal Pellets. *Environmental science & technology, 50*(6), 3239–3246.

Costa, E., Piazza, V., Lavorano, S., Faimali, M., Garaventa, F. & Gambardella, C. (2020). Trophic Transfer of Microplastics From Copepods to Jellyfish in the Marine Environment. *Frontiers in Environmental Science, 8*, Artikel 571732.

Desforges, J.-P. W., Galbraith, M., Dangerfield, N. & Ross, P. S. (2014). Widespread distribution of microplastics in subsurface seawater in the NE Pacific Ocean. *Marine pollution bulletin, 79*(1-2), 94–99.

Desforges, J.-P. W., Galbraith, M. & Ross, P. S. (2015). Ingestion of Microplastics by Zooplankton in the Northeast Pacific Ocean. *Archives of environmental contamination and toxicology, 69*(3), 320–330.

Farrell, P. & Nelson, K. (2013). Trophic level transfer of microplastic: Mytilus edulis (L.) to Carcinus maenas (L.). *Environmental pollution (Barking, Essex: 1987), 177*, 1–3.

Fath, A. (2019). *Mikroplastik*. Springer Berlin Heidelberg.

Foley, C. J., Feiner, Z. S., Malinich, T. D. & Höök, T. O. (2018). A meta-analysis of the effects of exposure to microplastics on fish and aquatic invertebrates. *The Science of the total environment, 631-632,* 550–559.

Fulfer, V. M. & Menden-Deuer, S. (2021). Heterotrophic Dinoflagellate Growth and Grazing Rates Reduced by Microplastic Ingestion. *Frontiers in Marine Science, 8,* Artikel 716349.

Gesellschaft für Didaktik des Sachunterrichts. (2013). *Perspektivrahmen Sachunterricht* (Vollständig überarbeitete und erweiterte Ausgabe). Verlag Julius Klinkhardt.

Gouin, T. (2020). Toward an Improved Understanding of the Ingestion and Trophic Transfer of Microplastic Particles: Critical Review and Implications for Future Research. *Environmental toxicology and chemistry, 39*(6), 1119–1137.

Gutow, L., Eckerlebe, A., Giménez, L. & Saborowski, R. (2016). Experimental Evaluation of Seaweeds as a Vector for Microplastics into Marine Food Webs. *Environmental science & technology, 50*(2), 915–923.

Gutow, L., Gerdts, G., Saborowski, R. (2017). Mikroplastikmüll im Meer. In Hempel, G., Bischof, K. & Hagen, W. (Hrsg.). (2017). *Faszination Meeresforschung*. Springer Berlin Heidelberg, 135- 142.

Hale, R. C., Seeley, M. E., La Guardia, M. J., Mai, L. & Zeng, E. Y. (2020). A Global Perspective on Microplastics. *Journal of Geophysical Research: Oceans, 125*(1).

Harmon, M. S. (2018). The Effects of Microplastic Pollution on Aquatic Organism. In Zeng, E. Y. (2018). *Microplastic contamination in aquatic environments: an emerging matter of environmental urgency / edited by Eddy Y. Zeng*. Elsevier, 249-270.

Ivar do Sul, J. A., Costa, M. F., Barletta, M. & Cysneiros, F. J. A. (2013). Pelagic microplastics around an archipelago of the Equatorial Atlantic. *Marine pollution bulletin, 75*(1-2), 305–309.

Ivar do Sul, J. A. & Costa, M. F. (2014). The present and future of microplastic pollution in the marine environment. *Environmental pollution (Barking, Essex: 1987), 185,* 352–364.

Jambeck, J. R., Geyer, R., Wilcox, C., Siegler, T. R., Perryman, M., Andrady, A., Narayan, R. & Law, K. L. (2015). Marine pollution. Plastic waste inputs from land into the ocean. *Science (New York, N.Y.), 347*(6223), 768–771.

Krüger, O. (2018). Kunststoffe. In Bargel, H.-J. & Schulze, G. (2018). *Werkstoffkunde*. Springer Berlin Heidelberg, 397- 484.

Lebreton, L., Slat, B., Ferrari, F., Sainte-Rose, B., Aitken, J., Marthouse, R., Hajbane, S., Cunsolo, S., Schwarz, A., Levivier, A., Noble, K., Debeljak, P., Maral, H., Schoeneich-Argent, R., Brambini, R. & Reisser, J. (2018). Evidence that the Great Pacific Garbage Patch is rapidly accumulating plastic. *Scientific reports*, *8*(1), 4666.

Lechthaler, S. (2020). *Makroplastik in der Umwelt*. Springer Fachmedien Wiesbaden.

Li, W. C. (2018). The Occurrence, Fate, and Effects of Microplastics in the Marine Environment. In Zeng, E. Y. (2018). *Microplastic contamination in aquatic environments: an emerging matter of environmental urgency / edited by Eddy Y. Zeng*. Elsevier, 133-173.

Lin, V. S. (2016). Research highlights: impacts of microplastics on plankton. *Environmental science. Processes & impacts*, *18*(2), 160–163.

Lusher, A. L., Tirelli, V., O'Connor, I. & Officer, R. (2015). Microplastics in Arctic polar waters: the first reported values of particles in surface and sub-surface samples. *Scientific reports*, *5*, 14947.

Lusher, A. L., O'Donnell, C., Officer, R. & O'Connor, I. (2016). Microplastic interactions with North Atlantic mesopelagic fish. *ICES Journal of Marine Science*, *73*(4), 1214–1225.

Nelms, S. E., Galloway, T. S., Godley, B. J., Jarvis, D. S. & Lindeque, P. K. (2018). Investigating microplastic trophic transfer in marine top predators. *Environmental pollution (Barking, Essex: 1987)*, *238*, 999–1007.

Ory, N. C., Sobral, P., Ferreira, J. L. & Thiel, M. (2017). Amberstripe scad Decapterus muroadsi (Carangidae) fish ingest blue microplastics resembling their copepod prey along the coast of Rapa Nui (Easter Island) in the South Pacific subtropical gyre. *The Science of the total environment*, *586*, 430–437.

Piepenburg, D., Brandt, A., von Juterzenka, K., Link, H., Arbizu, P. M., Schmid, M., Thomsen, L. & Veit-Köhler, G. (2017). Leben am Meeresboden. In Hempel, G., Bischof, K. & Hagen, W. (2017). *Faszination Meeresforschung*. Springer Berlin Heidelberg, 179-210.

Primpke, S., Imhof, H., Piehl, S., Lorenz, C., Löder, M., Laforsch, C. & Gerdts, G. (2017). Mikroplastik in der Umwelt. *Chemie in unserer Zeit*, *51*(6), 402–412.

Rochman, C. M., Brookson, C., Bikker, J., Djuric, N., Earn, A., Bucci, K., Athey, S., Huntington, A., McIlwraith, H., Munno, K., Frond, H. de, Kolomijeca, A., Erdle, L., Grbic, J.,

Bayoumi, M., Borrelle, S. B., Wu, T., Santoro, S., Werbowski, L. M., . . . Hung, C. (2019). Rethinking microplastics as a diverse contaminant suite. *Environmental toxicology and chemistry*, *38*(4), 703–711.

Rummel, C. D., Jahnke, A., Gorokhova, E., Kühnel, D. & Schmitt-Jansen, M. (2017). Impacts of Biofilm Formation on the Fate and Potential Effects of Microplastic in the Aquatic Environment. *Environmental Science & Technology Letters*, *4*(7), 258–267.

Schiel, S., Cornils, A. & Niehoff, B. (2017). Leben im Pelagial. In Hempel, G., Bischof, K. & Hagen, W. (2017). *Faszination Meeresforschung*. Springer Berlin Heidelberg, 27-40.

Setälä, O., Fleming-Lehtinen, V. & Lehtiniemi, M. (2014). Ingestion and transfer of microplastics in the planktonic food web. *Environmental pollution (Barking, Essex: 1987)*, *185*, 77–83.

Shim, W. J., Hong, S. H. & Eo, S. (2018). Marine Microplastics: Abundance, Distribution, and Composition. In Zeng, E. Y. (2018). *Microplastic contamination in aquatic environments: an emerging matter of environmental urgency / edited by Eddy Y. Zeng*. Elsevier, 1-26.

Sommer, U. (2005). *Biologische Meereskunde* (2. Aufl.). *Springer-Lehrbuch*. Springer.

Ugwu, K., Herrera, A. & Gómez, M. (2021). Microplastics in marine biota: A review. *Marine pollution bulletin*, *169*, 112540.

Vroom, R. J. E., Koelmans, A. A., Besseling, E. & Halsband, C. (2017). Aging of microplastics promotes their ingestion by marine zooplankton. *Environmental pollution (Barking, Essex: 1987)*, *231*(Pt 1), 987–996.

Walkinshaw, C., Lindeque, P. K., Thompson, R., Tolhurst, T. & Cole, M. (2020). Microplastics and seafood: lower trophic organisms at highest risk of contamination. *Ecotoxicology and environmental safety*, *190*, 110066.

Wright, S. L., Thompson, R. C. & Galloway, T. S. (2013). The physical impacts of microplastics on marine organisms: a review. *Environmental pollution (Barking, Essex: 1987)*, *178*, 483–492.

Wöhrle, D. (2019). Kunststoffe. *Chemie in unserer Zeit*, *53*(1), 50–64.

Internetquellen

Die Bundesregierung. (2021). *Bericht über die Umsetzung der Agenda 2030 für nachhaltige Entwicklung*. Zugriff am 06.09.2021. Verfügbar unter: https://www.bmz.de/resource/blob/86824/6631843da2eb297d849b03d883140fb7/staatenbericht-deutschlands-zum-hlpf-2021.PDF

Landesinstitut für Schule und Medien Berlin-Brandenburg. (2015). *Rahmenlehrplan Berlin-Brandenburg. Teil C. Sachunterricht. Jahrgangsstufen 1-4*. Zugriff am 12.09.2021. Verfügbar unter: https://bildungsserver.berlin-brandenburg.de/fileadmin/bbb/unterricht/rahmenlehrplaene/Rahmenlehrplanprojekt/amtliche_Fassung/Teil_C_Sachunterricht_2015_11_16_web.pdf

PlasticsEurope. (2020). *Plastics – the Facts 2020 An analysis of European plastics production, demand and waste data*. Zugriff am 11.08.2021. Verfügbar unter: https://www.plasticseurope.org/application/files/8016/1125/2189/AF_Plastics_the_facts-WEB-2020-ING_FINAL.pdf

Richtlinie 2008/56/EG des Europäischen Parlaments und des Rates vom 17. Juni 2008 zur Schaffung eines Ordnungsrahmens für Maßnahmen der Gemeinschaft im Bereich der Meeresumwelt (Meeresstrategie-Rahmenrichtlinie) (2008). Zugriff am 22.09.2021. Verfügbar unter: https://eur-lex.europa.eu/legal-content/DE/TXT/PDF/?uri=CELEX:32008L0056&from=DE

Richtlinie (EU) 2019/904 des Europäischen Parlaments und des Rates vom 5. Juni 2019 über die Verringerung der Auswirkungen bestimmter Kunststoffprodukte auf die Umwelt (2019). Zugriff am 22.09.2021. Verfügbar unter: https://eur-lex.europa.eu/legal-content/DE/TXT/PDF/?uri=CELEX:32019L0904&from=EN

Spektrum. (1999a). *Lexikon der Biologie - Autotrophie*. Zugriff am 10.09.2021. Verfügbar unter: https://www.spektrum.de/lexikon/biologie/autotrophie/6476

Spektrum. (1999b). *Lexikon der Biologie - Heterotrophie*. Zugriff am 10.09.2021. Verfügbar unter: https://www.spektrum.de/lexikon/biologie/heterotrophie/31728

Spektrum. (1999c). *Lexikon der Biologie- Protozoen*. Zugriff am 10.09.2021. Verfügbar unter: https://www.spektrum.de/lexikon/biologie/protozoen/54374

Spektrum. (1999d). *Lexikon der Biologie - Trophiestufe*. Zugriff am 10.09.2021. Verfügbar unter: https://www.spektrum.de/lexikon/biologie/trophiestufe/67864

Spektrum. (1999e). *Kompaktlexikon der Biologie- Ciliaten*. Zugriff am 10.09.2021. Verfügbar unter: https://www.spektrum.de/lexikon/biologie-kompakt/ciliata/2446

Spektrum. (1999f). *Lexikon der Biologie- Herbivoren*. Zugriff am 10.09.2021. Verfügbar unter: https://www.spektrum.de/lexikon/biologie/herbivoren/31404

Spektrum. (1999g). *Kompaktlexikon der Biologie - Carnivora*. Zugriff am 10.09.2021.Verfügbar unter: https://www.spektrum.de/lexikon/biologie-kompakt/carnivora/2135

Spektrum. (1999h). *Kompaktlexikon der Biologie - Endosymbiose*. Zugriff am 10.09.2021.Verfügbar unter: https://www.spektrum.de/lexikon/biologie-kompakt/endosymbiose/3636

Spektrum. (1999i). *Lexikon der Geographie- Koprophage*. Zugriff am 10.09.2021. Verfügbar unter: https://www.spektrum.de/lexikon/geographie/koprophage/4359

Spektrum. (1999j). *Lexikon der Biologie - Phytophagen*. Zugriff am 10.09.2021. Verfügbar unter: https://www.spektrum.de/lexikon/biologie/phytophagen/51682

Spektrum. (1999k). *Lexikon der Biologie - Picoplankton*. Zugriff am 10.09.2021. Verfügbar unter: https://www.spektrum.de/lexikon/biologie/picoplankton/51750

Spektrum. (1999l). *Lexikon der Biologie – Flagellaten*. Zugriff am 25.09. 2021. Verfügbar unter: https://www.spektrum.de/lexikon/biologie/flagellaten/24731

Spektrum. (1999m). *Lexikon der Biologie - Saprophagen*. Zugriff am 25.09. 2021. Verfügbar unter: https://www.spektrum.de/lexikon/biologie/saprophagen/58546

Weiterführende Literatur

Hong, S. H., Shim, W. J. & Jang, M. (2018). Chemicals Associated With Marine Plastic Debris and Microplastics: Analyses and Contaminant Levels. In Zeng, E. Y. (2018). *Microplastic contamination in aquatic environments: an emerging matter of environmental urgency / edited by Eddy Y. Zeng*. Elsevier, 271-315.

Lebreton, L. C. M., van der Zwet, J., Damsteeg, J.-W., Slat, B., Andrady, A. & Reisser, J. (2017). River plastic emissions to the world's oceans. *Nature communications*, *8*, 15611.

Li, H.-X., Getzinger, G. J., Ferguson, P. L., Orihuela, B., Zhu, M. & Rittschof, D. (2016). Effects of Toxic Leachate from Commercial Plastics on Larval Survival and Settlement of the Barnacle Amphibalanus amphitrite. *Environmental science & technology*, *50*(2), 924–931.

Wang, F [Fen], Wang, F [Fei] & Zeng, E. Y. (2018). Sorption of Toxic Chemicals on Microplastics. In Zeng, E. Y. (2018). *Microplastic contamination in aquatic environments: an emerging matter of environmental urgency / edited by Eddy Y. Zeng.* Elsevier, 225- 247.